ABHANDLUNGEN DER SÄCHSISCHEN AKADEMIE
DER WISSENSCHAFTEN ZU LEIPZIG

Mathematisch-naturwissenschaftliche Klasse
Band 51 · Heft 5

GUSTAV E. R. SCHULZE und PETER PAUFLER

DIE PLASTISCHE VERFORMUNG „SPRÖDER“ INTERMETALLISCHER VERBINDUNGEN UND IHRE ELEMENTARPROZESSE

Mit 14 Abbildungen und 11 Tabellen

AKADEMIE-VERLAG · BERLIN
1972

Vorgetragen in der Sitzung am 23. Februar 1970
Manuskript eingereicht am 16. Februar 1971
Druckfertig erklärt am 10. Dezember 1971

Erschienen im Akademie-Verlag GmbH, 108 Berlin, Leipziger Straße 3—4

Lizenznummer: 202. 100/557/72
Gesamtherstellung: VEB Druckhaus „Maxim Gorki", 74 Altenburg
Bestellnummer: 761 684 9 (2025/51/5) · ES 18 B 2
5,40
Printed in German Democratic Republic

INHALTSVERZEICHNIS

1. Einführung

Nach Laves [1] heißt eine Phase in einem q-Komponenten-System dann q-komponentige Verbindung, wenn ihr Existenzbereich nicht kontinuierlich in den einer Phase in einem p-Komponenten-System ($p < q$) übergeht. Gerade die fehlende Kontinuität der Kristallstruktur ist verantwortlich dafür, daß die intermetallischen[1]) Verbindungen Eigenschaften aufweisen können, die von denen der sie bildenden Komponenten wesentlich verschieden sind. So ist z. B. eine Vielzahl der über 4000 bekannten Vertreter supraleitend mit den höchsten heute gemessenen Sprungtemperaturen und kritischen Feldstärken (z. B. Nb_3Al, Nb_3Sn), einige Vertreter weisen supraleitende und zugleich ferromagnetische (z. B. (Ce, Pr)Ru_2, (Ce, Gd)Ru_2) oder halbleitende (z. B. GeTe) Eigenschaften auf.

Tabelle 1

Mikrohärte einiger intermetallischer Verbindungen H_{MV} und ihrer Komponenten

Verbindung	H_{MV} / kp mm^{-2}	H_{MK} / kp mm^{-2}	H_{MV}/H_{MK}
Al_2Au	300 ± 30 [27]	36	8,3
Al_2Ca	430 ± 20 [27]	18	23,9
Al_2Cu	560 [28]	40	14
Au_2Bi	386 [29]	49	7,8
Au_2Pb	322 [29]	46	7,0
$CaMg_2$	227 [30]	31	7,3
$CoSi_2$	810 ± 40 [27]	851	0,9
Cu_2Mg	435 ± 15 [27]	67	6,5
Fe_2Ta	1140 ± 20 [27]	120	9,5
Fe_2Ti	850 ± 30 [27]	202	4,2
Mg_2Pb	140 ± 5 [27]	28	5,0
Mg_2Sn	138 ± 4 [27]	29	4,7

H_{MK} gewogenes Mittel aus den Werten der Komponenten nach [57]

Eine ausgezeichnete Übersicht über die wichtigsten physikalischen Eigenschaften vermittelt der von Westbrook [2] herausgegebene Sammelband. Die praktische Anwendung dieser Verbindungen wird jedoch durch ihre Sprödigkeit erheblich behindert. Aber nicht nur deshalb gewinnt die Untersuchung ihrer Festigkeitseigenschaften mehr und mehr an Bedeutung. Schon vor etwa 450 Jahren wurden die hervorragenden Festigkeitseigenschaften selbst ausgenutzt – nämlich von den Zahnärzten die hohe Härte von Cu_4Hg_3 als Zahnfüllung [3]. Tab. 1 enthält einige Zahlenangaben, die die auffällige Härtesteigerung der Verbindung gegenüber den Komponenten unterstreichen. Weitere Besonderheiten des mechanischen Verhaltens haben inzwi-

[1]) Alle q-Komponenten sind Metalle. Mitunter werden auch Verbindungen, die die Metalloide B, C, N, Se und Te enthalten, als intermetallisch bezeichnet.

schen praktische Bedeutung erlangt, die hohe Fließspannung bei hohen homologen Temperaturen sowie die verringerte Diffusionsgeschwindigkeit und damit verbunden verminderte Oxidationsanfälligkeit und Kriechgeschwindigkeit. Abb. 1 vergleicht die kritischen Schubspannungen von $MgZn_2$-, Mg- und Zn-Einkristallen bei verschiedenen homologen Temperaturen.

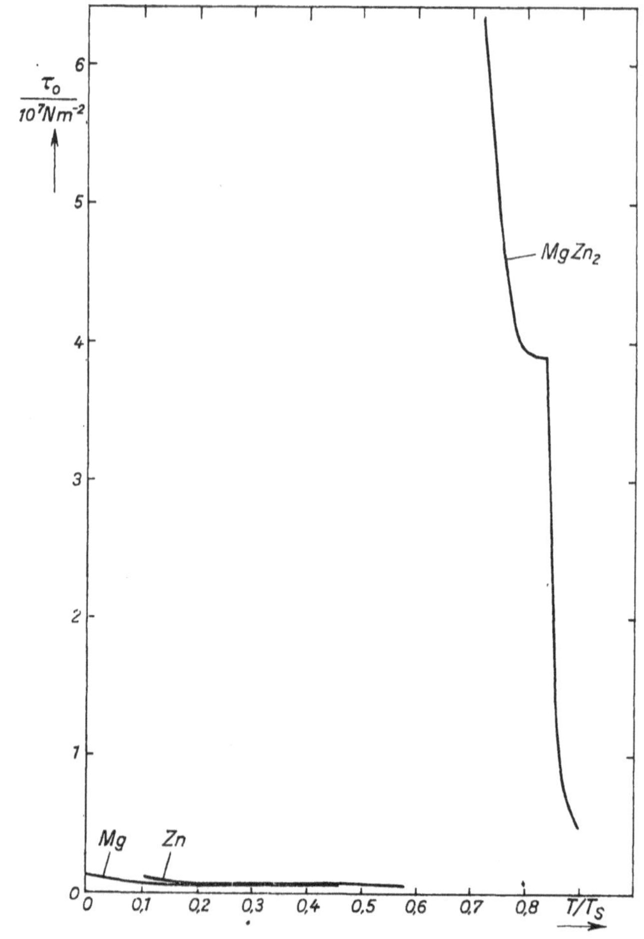

Abb. 1. Temperaturabhängigkeit der kritischen Schubspannung τ_0 für Basisgleitung (T_S Schmelztemperatur). Mg nach Conrad, Armstrong, Wiedersich und Schoeck (1961), Zn nach Seeger und Träuble (1960), Boček und Kaska (1964), $MgZn_2$ nach Paufler und Schulze (1967)

In nahezu allen Anwendungsfällen geben intermetallische Verbindungen als Phasenbestandteile einer technischen Legierung dieser ihre entscheidenden Vorzüge. Einige wichtige Legierungsfamilien dieses Typs enthält Tab. 2 [4]. Von besonderer Bedeutung wird in Zukunft die Tatsache sein, daß in mehrphasigen Systemen sich die intermetallische Verbindung im thermodynamischen Gleichgewicht mit der Matrix befinden kann und daher nicht wie bei anderen Verbundwerkstoffen die Tendenz zum Zerfall der Phasengrenzflächen besteht.

Im folgenden werden Ergebnisse physikalischer Festigkeitsforschung am Beispiel der Laves-Phasen mit gelegentlichem Blick auf andere Verbindungen besprochen, die einen Einblick in die besonderen Probleme dieser Substanzklasse geben sollen. Ganz überwiegend wird dabei auf Ergebnisse eingegangen, die an der am ausführlichsten untersuchten Verbindung $MgZn_2$ gewonnen wurden.

Eine Ursache für das bis heute unzureichende Verständnis der plastischen Verformbarkeit intermetallischer Verbindungen vom physikalischen Standpunkt ist in der mangelhaften Kenntnis der Bindungskräfte zu suchen, deren Charakter überdies noch von Substanz zu Substanz variieren kann.

Tabelle 2

Beispiele einiger Legierungsfamilien, deren technische Bedeutung wesentlich von den Eigenschaften intermetallischer Verbindungen abhängt (nach WESTBROOK [4])

Basis-element	Legierung	Technische Anwendung	Intermetallische Verbindung
Sn	Babbitt	Lager	SbSn
Al	Dural	hochfest, leicht	θ'-$CuAl_2$
Al	7075(75S)	hochfest, leicht	$MgZn_2$
Co	Permendur	flexibel, hohe Permeabilität	FeCo
Fe	PH Stainless	hochfest, korrosionsbeständig	Ni_3Ti (Ni, Fe)Al
Zn	Gmoodie	Spritzguß	Ni_3Ti
Fe	Maraging Stahl	Ultrahochfest	Ni_3Ti Ni_3Mo $(Fe, Ni)_2Ti$

Das hat zur Folge, daß die Vorstellungen vom Verformungsprozeß noch weitgehend qualitativ bleiben müssen und die Anwendung atomistischer Modelle auf physikalische Meßgrößen den Charakter von Abschätzungen behält.

Der Besprechung mechanischer Eigenschaften wird ein Hinweis auf andere physikalische Parameter vorangestellt, die für die Beurteilung des besonderen Verhaltens intermetallischer Verbindungen wesentlich sind.

Abschließend werden die Möglichkeiten geprüft, einheitliche Kriterien für das Verhalten verschiedener Strukturtypen anzugeben.

2. Charakterisierung des Untersuchungsobjektes

2.1 Kristallstruktur

Die hexagonale LAVES-Phase $MgZn_2$ kristallisiert im Strukturtyp C 14, dessen Atomanordnung in Abb. 2 skizziert ist (vgl. z. B. [5]). Die Elementarzelle (Kantenlängen a und c) enthält 4 Mg- und 8 Zn-Atome, die untereinander und miteinander einen gitterhaften Bauzusammenhang bilden (vgl. z. B. [6]). Wegen des starken strukturellen Einflusses auf den Verformungsprozeß

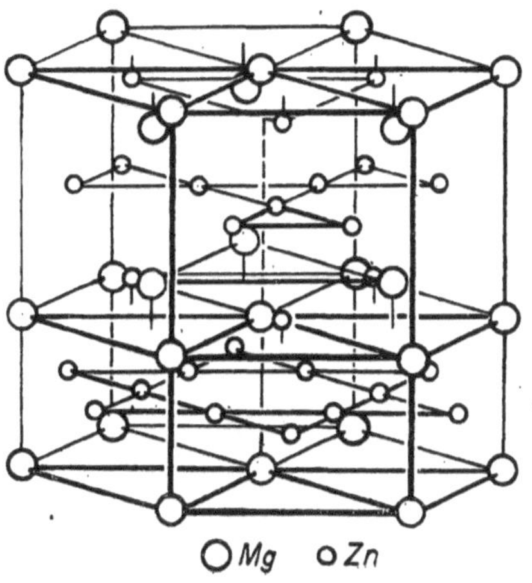

Abb. 2. Atomanordnung einer AB_2-Verbindung des C14-Typs. Die A-Atome sind durch ○, die B-Atome durch ∘ gekennzeichnet. Im Falle $MgZn_2$ ist A = Mg und B = Zn zu setzen

wird in Abschn. 4.4 nochmals darauf eingegangen. Die Raumgruppe höchster Symmetrie, durch die sich der Strukturtyp realisieren läßt, ist $P6_3/mmc$ [7]. Eine Parameterbestimmung führte auf die Werte $x = -0{,}17$ und $z = 0{,}063$ [8], die im Rahmen der Meßgenauigkeit mit den idealen $x = -1/6$ und $z = 1/16$ (bei idealem Achsenverhältnis $c/a = \sqrt{8/3}$) übereinstimmen.

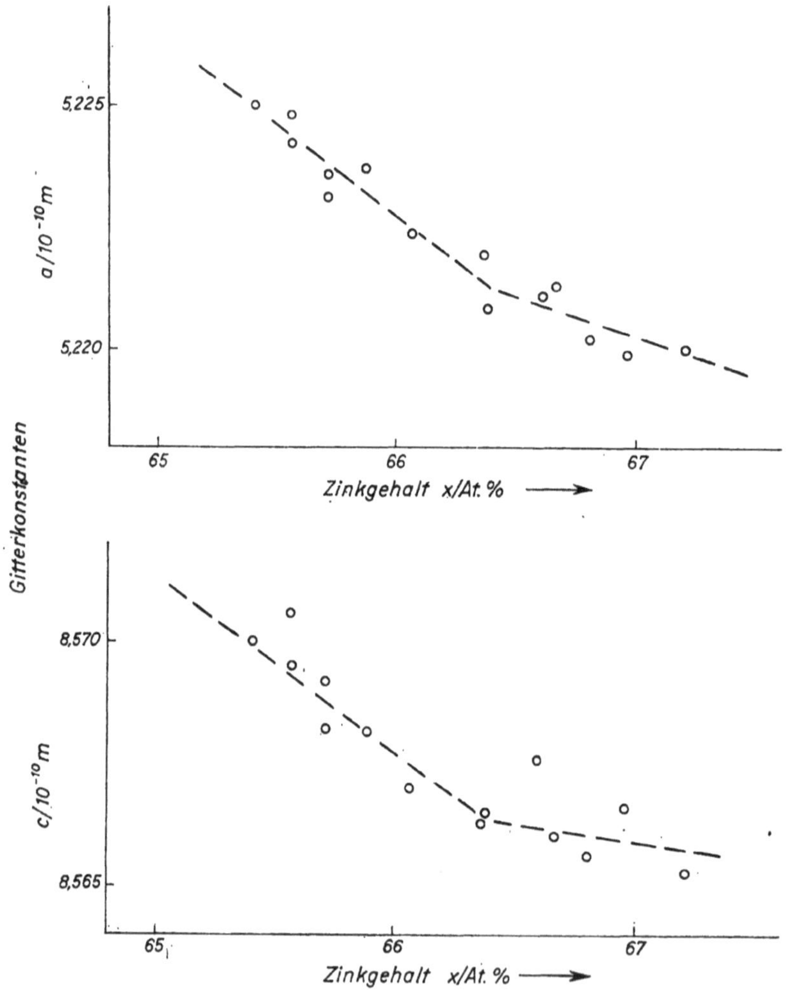

Abb. 3. Gitterkonstanten bei Raumtemperatur im Homogenitätsbereich der Laves-Phase $MgZn_2$ [12]

Die Bildung des C14-Typs ebenso wie die der homöotekten Strukturtypen C15 ($MgCu_2$) und C36 ($MgNi_2$) [9] wird, wie bereits früher [10] erläutert worden ist, durch geometrische Strukturargumente beherrscht. Eine zusammenfassende Übersicht der Existenzbereiche von Laves-Phasen ist von Leitner [55] gegeben worden.

Die Struktur des $MgZn_2$ ist zwischen 64,9 und 67,5 At.% Zn stabil [11, 12]. (Konsequenzen für Atomanordnung vgl. [75]). Innerhalb des Homogenitätsbereiches variieren die Gitterkonstanten wie in Abb. 3 angegeben [12].

Die Werte der stöchiometrischen Zusammensetzung sind in Tab. 3 zusammengestellt.

Tabelle 3

Elementarzelle von $MgZn_2$ bei der stöchiometrischen Zusammensetzung (R. T.)

Kenngröße	Zahlenwert
$a/10^{-10}$ m	5,221
$c/10^{-10}$ m	8,566
Volumen/10^{-30}m^3	202,2

2.2 Thermodynamische und elastische Eigenschaften

Das ausgeprägte Schmelzpunktmaximum im Mg-Zn-Zustandsdiagramm bei der Verbindung $MgZn_2$ [13, 14] spiegelt sich in der Konzentrationsabhängigkeit der thermodynamischen Funktionen wider, selbst im flüssigen Zustand besitzt die Nahordnung für die Zusammensetzung $MgZn_2$ ein Maximum [52]. Tab. 4 enthält einige Zahlenwerte für die Verbindung einschließlich ihrer Schmelze.

Tabelle 4

Thermodynamische Eigenschaften von $MgZn_2$

Eigenschaft	Zahlenwert	Quelle
Schmelztemperatur T_S/°C	590	[13]
Schmelzwärme H_S/kcal mol^{-1}	9,687	[15]
Bildungsenthalpie H_B/kcal mol^{-1}	$-7,772 - 0,0009$ (T/°K)	[16]
Sublimationswärme H_{SB}/kcal mol^{-1}	32,5 ($T = 0$°K)	geschätzt aus $H_B(MgZn_2)$ und H_{SB}(Zn, Mg)
Aktivität		
a_{Zn}	0,04...0,17 (407°C)	[17]
	0,51 (600°C)	[50]
a_{Mg}	0,24 (407°C)	[17]
	0,127 (600°C)	[50]
Oberflächenspannung		
$\sigma/10^{-3}$ Jm^{-2}	420 (590°C)	[51]
	423 (600°C)	[51]
	456 (700°C)	[51]

Bemerkenswert sind einige empirisch ermittelte Eigenschaftskorrelationen, die trotz der noch immer nicht durchführbaren exakten Berechnung Einblicke in die Bindungsverhältnisse bei Laves-Phasen vermitteln.

Nach J. F. Smith [47] besteht in Laves-Phasen mit einer gemeinsamen Komponente eine grobe Korrelation zwischen Bildungsenthalpie ΔH_B und Austrittsarbeit der variablen Komponente, die auf eine Beziehung zwischen Elektronenstruktur von Verbindung und Komponenten hinweist.

Einige Eigenschaften der Laves-Phasen, die in erster Ordnung vom Volumen und praktisch nicht von der Anordnung der Atome abhängen, befolgen die für praktisches Arbeiten außerordentlich nützliche einfache Mischungsregel mit hinreichender Genauigkeit. Ein Beispiel dafür stellt die mit der Bindungsenergie eng verknüpfte Kompressibilität dar [47] (vgl. Tab. 5).

Weiterhin wird die spezifische Wärme zwischen Raumtemperatur und 300°C z. B. für die Phasen $MgZn_2$ und $MgCu_2$ nach der Neumann-Koppschen Regel nur um 1,7 bzw. 1,2%[48] zu hoch berechnet. Dagegen gilt für die Debye-Temperaturen von Laves-Phasen, die aus

Tieftemperaturmessungen der elastischen Konstanten ermittelt werden können, eine solche Additivität nicht, wohl aber die einfache Regel von JOSEPH und GSCHNEIDNER [49], daß Verbindungen einen θ-Wert aufweisen, der bei unternormalem Radienquotienten (im Kugelmodell dominieren dann Kontakte zwischen Atomen der Überschußkomponente B) mit der DEBYE-Temperatur der B-Komponente vergleichbar ist bzw. bei übernormalem mit der A-Komponente. Tab. 6 bringt einige Beispiele.

Tabelle 5

Vergleich gemessener und nach der Mischungsregel berechneter reziproker Kompressibilitäten $\varkappa^{-1}$ einiger LAVES-Phasen

Phase	$\varkappa^{-1}_{exp}/10^{10}\,Nm^{-2}$	$\varkappa^{-1}_{ber}/10^{10}\,Nm^{-1} = n_i \varkappa_i^{-1}$	Quelle
$CaMg_2$	2,89	2,89	[19]
$ZrCo_2$	15,3	15,9	[20]
$HfCo_2$	16,7	16,6	[20]
UCo_2	15,75	15,35 bzw. 16,50	[53]
$MgZn_2$	5,94	5,74	[18]

Tabelle 6

DEBYE-Temperaturen einiger LAVES-Phasen

Phase	θ/°K	Quelle	Phase	θ/°K	Quelle
$CaMg_2$	426	[19]	$LaPt_2$	236	[49]
$MgCu_2$	332 336	[54] [21]	$CeRu_2$	171	[49]
$HfCo_2$	368	[20]	$LaRu_2$	160	[49]
$ZrCo_2$	420	[20]	$CeNi_2$	227	[49]
			UCo_2	286	[53]

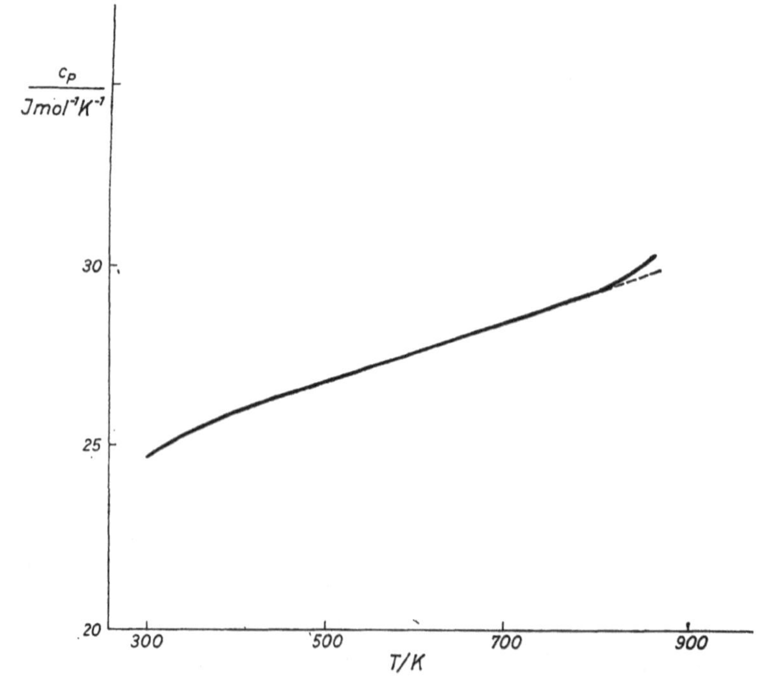

Abb. 4. Molwärme von $MgZn_2$ nach [22]

Die Molwärme von $MgZn_2$ oberhalb Raumtemperatur zeigt den normalen Verlauf ohne Phasenumwandlungen (vgl. Abb. 4). Auf das Verhalten unterhalb der Schmelztemperatur wird in [73] eingegangen.

Die elastischen Moduln besitzen weitreichende Bedeutung für die Beurteilung auch der plastischen Eigenschaften. Im Falle hexagonaler Symmetrie hat man 5 unabhängige Konstanten, die für $MgZn_2$ gemeinsam mit einigen anderen (auch kubischen) Vertretern in Abb. 5 zusammengestellt sind. Die Zahlenwerte liegen in der Größenordnung der elastischen Moduln metallischer Elemente, d. h. sie sind im Gegensatz zum Phononenspektrum (vgl. Phononenspektrum von $MgZn_2$ [56]) wenig empfindlich gegenüber Veränderungen in der Atomanordnung.

$MgZn_2$ ist, wie auch andere Laves-Phasen, elastisch nur geringfügig anisotrop: $C_{33}/C_{11} = 1{,}1$, $2\,C_{44}/(C_{11} - C_{12}) = 0{,}9$ und $C_{12}/C_{13} \approx 1{,}6$. Dies entspricht qualitativ dem Fehlen stark gerichteter Bindungen im Gitter.

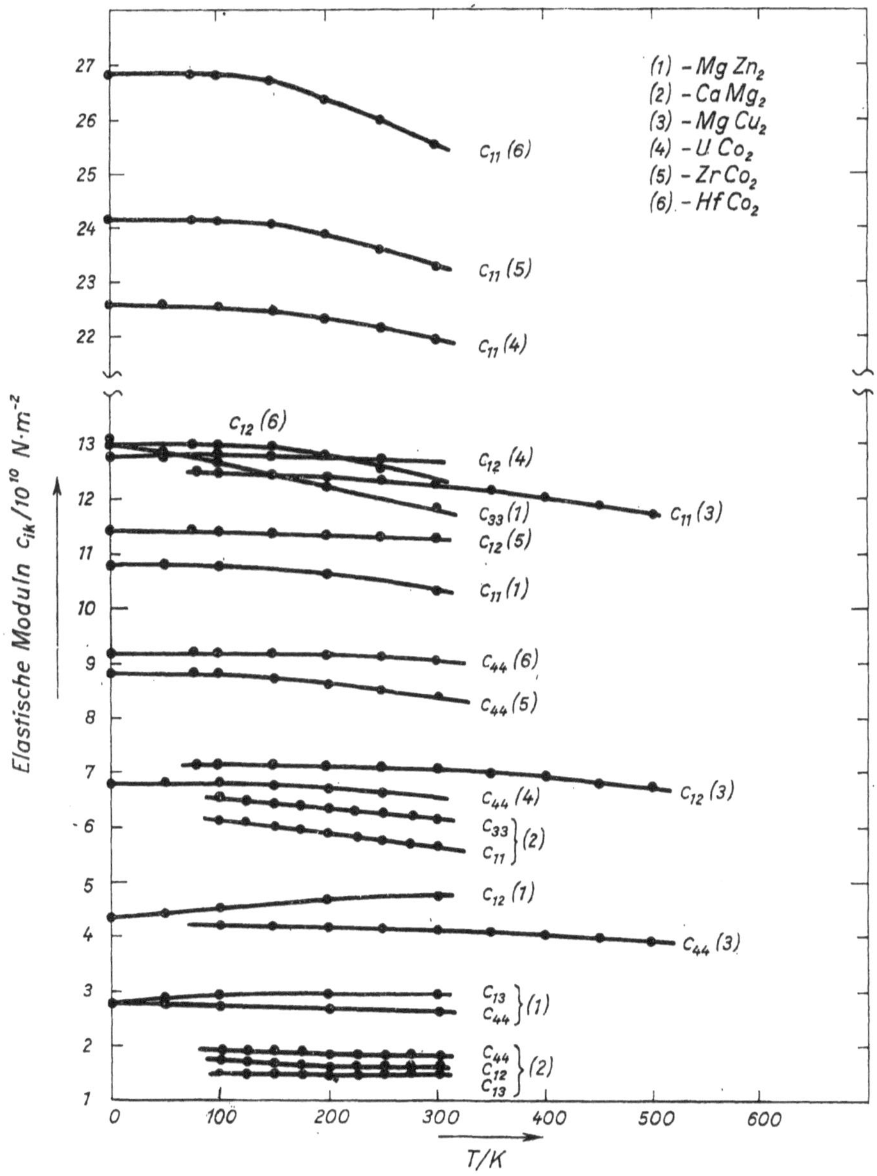

Abb. 5. Elastische Moduln einiger Laves-Phasen in Abhängigkeit von der Temperatur (nach [18]—[21])

2.3 Elektronische Eigenschaften

Die Temperaturabhängigkeit des elektrischen Widerstandes von $MgZn_2$ weist auf typisch metallisches Verhalten hin. Die Meßergebnisse von [23] sind in Abb. 6 wiedergegeben.

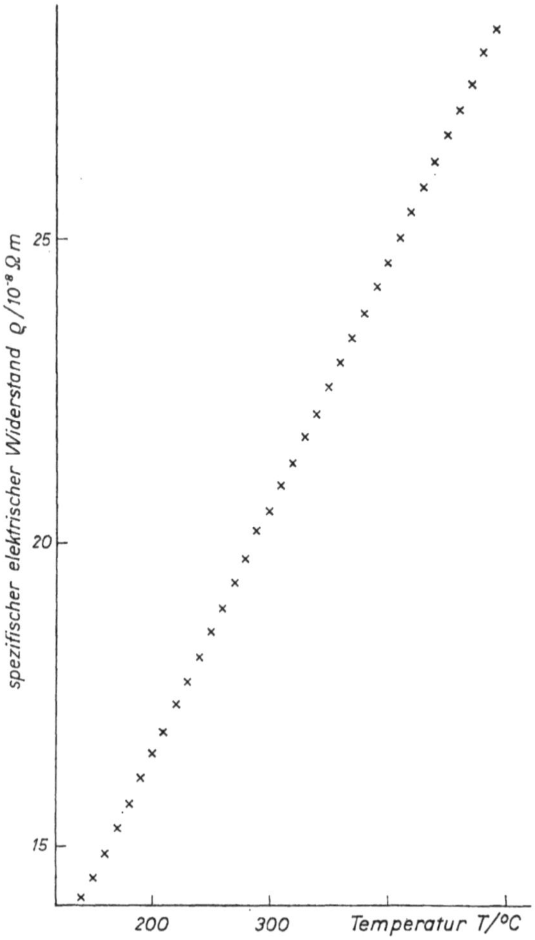

Abb. 6. Temperaturabhängigkeit des spezifischen elektrischen Widerstandes nach [23]

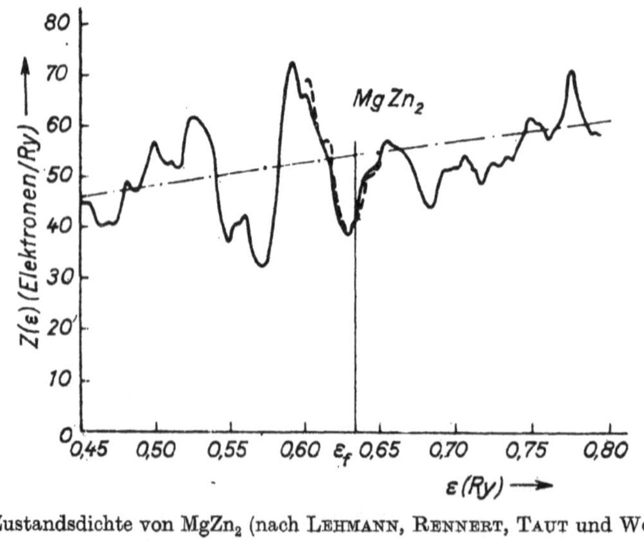

Abb. 7. Zustandsdichte von $MgZn_2$ (nach Lehmann, Rennert, Taut und Wonn [25])

Bandstrukturberechnungen von RENNERT, LEHMANN, PAASCH und TAUT [24] mit der Pseudopotentialmethode sowie die Ermittlung der Elektronen-Zustandsdichte daraus nach LEHMANN, RENNERT, TAUT und WONN [25] zeigen beträchtliche Abweichungen vom Verhalten freier Elektronen, obwohl die FOURIER-Koeffizienten des Pseudopotentials kleiner als 10% der FERMI-Grenzenergie sind. Dies ist auf die hohe Zahl von Atomen/Elementarzelle zurückzuführen.

Der Verlauf der Zustandsdichte ist in Abb. 7 dargestellt. Ein Vergleich der Bandberechnung mit DE-HAAS-VAN-ALPEN-Messungen von VEAL und RAYNE [26] ergibt gute Übereinstimmung für die gemessenen Oszillationen.

3. Makroskopische Untersuchung des Verformungsverhaltens

Eingangs war bereits auf die Sprödigkeit intermetallischer Verbindungen hingewiesen worden, die für die meisten noch bei Raumtemperatur eine homogene makroskopische Verformung[2]) verhindert. Der in diesem Falle unmittelbar im Anschluß an die elastische Deformation auftretende Bruch ist eine ausgeprägt inhomogene Erscheinung, die mit den makroskopischen (homogenen) Meßgrößen Spannung, Dehnung usw. nicht ausreichend beschrieben werden kann.

Bei erhöhter Temperatur (vgl. Abschn. 5) sind jedoch alle intermetallischen Verbindungen plastisch verformbar und damit bei geeigneter Wahl der Versuchsbedingungen der genannten Beschränkung nicht unterworfen. Wir untersuchen daher die spröden Substanzen im plastischen Zustand, wobei auf folgende Besonderheiten am Beispiel des $MgZn_2$ hingewiesen sei.

3.1 Spannungs-Dehnungs-Diagramm

Die Schubspannung τ im Basisgleitsystem (zum Problem der Gleitsysteme vgl. 4.1) während des dynamischen Kompressionsversuchs ist in Abhängigkeit von der Abgleitung a in Abb. 8 dargestellt. Jede Spannungs-Dehnungs-Kurve besteht aus einem Anfangsteil rein elastischer Verformung mit einer Neigung von der Größenordnung metallischer Elemente (vgl. 2.2) (in Abb. 8 bereits in Abzug gebracht) und einem daran nach Überschreiten der kritischen Schubspannung τ_0 anschließenden Streckgrenzenbereich.

Das Zustandekommen des letzteren kann man am besten anhand der sog. Maschinengleichung einsehen (vgl. z. B. [32, 33]): Die Querjochgeschwindigkeit der Verformungsapparatur $\dot{S}_{ges}$, die im dynamischen Versuch konstant gehalten wird, führt sowohl zu einer plastischen Längenänderung $\dot{S}_p = \dot{a}/(\mathrm{d}a/\mathrm{d}s)$ als auch zu einer elastischen $\dot{S}_{el} = \dot{K}/K'$, d. h. $\dot{S}_{ges} = \dot{S}_{el} + \dot{S}_{pl}$. Hierbei sind $\dot{a}$ die Abgleitgeschwindigkeit, $\mathrm{d}a/\mathrm{d}S_{pl} \approx \mathrm{d}a/\mathrm{d}S_{ges}$ ein Geometriefaktor, $\dot{K} = \mathrm{d}K/\mathrm{d}t$ die zeitliche Änderung der Kraftanzeige und K' eine die elastischen Eigenschaften von Probe und Apparatur beschreibende Konstante.

Wird $\dot{a}$ durch die OROWANsche Beziehung [34] $\dot{a} = \varrho_b b \bar{x}$ ersetzt (ϱ_b Dichte der beweglichen Versetzungen, b BURGERS-Vektor, $\bar{x}$ mittlere Versetzungsgeschwindigkeit), dann erhält man $\mathrm{d}K/\mathrm{d}S_{ges} = K' \cdot (1 - \varrho_b b \bar{x}/\dot{S}_{ges}(\mathrm{d}a/\mathrm{d}S_{ges}))$ als Änderung der Kraftanzeige mit dem Querjochvorschub.

Zu Beginn der Verformung ist $\bar{x} \approx 0$ und $\mathrm{d}K/\mathrm{d}S_{ges} \approx K'$. Oberhalb einer stark temperaturabhängigen Startspannung wird $\bar{x} > 0$ und nimmt weiter wegen $\mathrm{d}K \sim \mathrm{d}\tau > 0$ zu (vgl. Abschn. 4.6). Die Versetzungsdichte ϱ_b wächst im Anfangsstadium der Verformung monoton mit

---

[2]) Es häufen sich in letzter Zeit die Beobachtungen sog. Mikroplastizität, die im Verlaufe stark lokalisierter Verformung (z. B. Nadeleindruck u. ä.) angestellt werden. In diesen Fällen fehlt außerhalb der Eindruckstelle eine Spannung zur Rißausbreitung.

der Abgleitung (vgl. [31]), so daß schnell die obere Streckgrenze $\mathrm{d}K/\mathrm{d}S_{\mathrm{ges}} = 0$ erreicht und überschritten wird. Nunmehr verlaufen die Änderungen von $\bar{x}$ und ϱ_b gegenläufig — wegen der stärkeren Abhängigkeit $\bar{x}(\tau)$ wird eine untere Streckgrenze erreicht. Für $MgZn_2$ liegt letztere oberhalb der im Experiment verwendeten Abgleitung. Verfestigung wurde nicht beobachtet.

Diese Überlegungen gelten ganz allgemein. Die Besonderheiten der einzelnen Substanzen gehen vor allem in $\varrho_b(a, \tau, T, \ldots)$ und $\bar{x}(\tau, T)$ ein und bestimmen so das Auftreten eines derartigen Effektes. Daß es in $MgZn_2$ beobachtet wird, bedeutet sowohl kleine ϱ_b als auch $\bar{x}$. Zur mikroskopischen Begründung der vorliegenden Form vgl. [75].

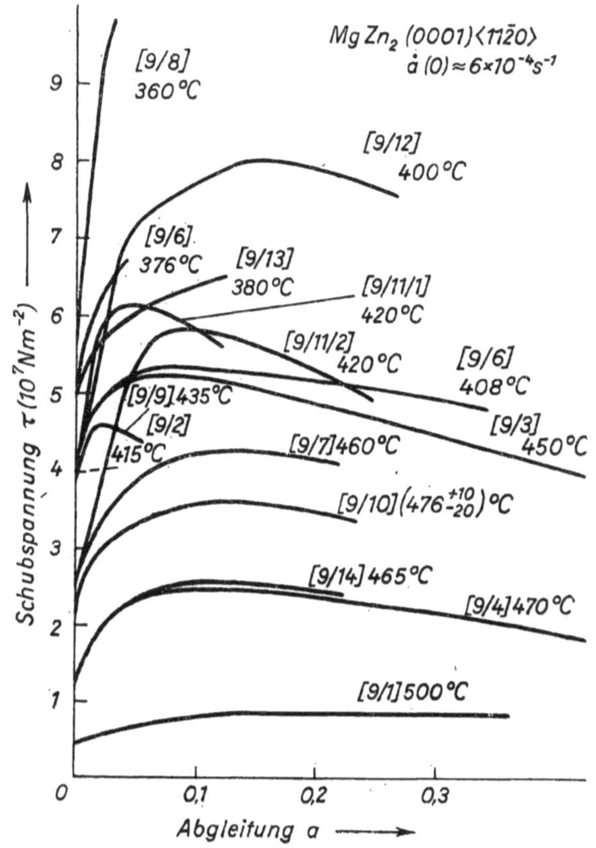

Abb. 8. Typische Spannungs-Dehnungskurven von $MgZn_2$-Einkristallen [31]

Die kritische Schubspannung τ_0, wie auch die obere Streckgrenze, ist stark temperaturabhängig. Der Tieftemperaturabfall von τ_0 mündet in eine Plateauspannung, die bei hohen Temperaturen abgebaut wird (vgl. Abb. 9).

Zur Charakterisierung der mikroskopischen Prozesse mit Hilfe makroskopischer Messungen findet die sog. Aktivierungsanalyse breite Anwendung (zur Methode vgl. z. B. [35]), mit deren Hilfe Differenzenquotienten gemessen werden, die einer mikroskopischen Interpretation zugänglich sind. Bei $MgZn_2$ ergeben sich große Aktivierungsenergien und kleine -volumina (Zahlenwerte vgl. Abschn. 3.2).

3.2 Dehnungs-Zeit-Verhalten

Verformungsexperimente unter konstanter Last (Kriechen) sind besser als dynamische Versuche geeignet, thermisch aktivierte Mikroprozesse bei der Deformation zu analysieren. Gerade diese sind aber auf Grund der Resultate von Abb. 9 zu erwarten.

Umfangreiche Experimente an $MgZn_2$-Einkristallen im Basis- und Prismengleitsystem führten zu dem Ergebnis, daß die stationäre Kriechgeschwindigkeit $\dot{a}_s$ stark temperatur- und spannungsabhängig von der Form $\dot{a}_S \sim \exp([-\Delta h + Ab\tau]/kT) \exp(-D/\tau)$ ist [11, 31, 33, 36, 37, 38]. Zahlenwerte der Parameter sind in Tab. 7 zusammengestellt, b ist der Betrag des BURGERS-Vektors (vgl. 4.3) und k die BOLTZMANN-Konstante. Angaben zu Schwankungen beziehen sich z. T. auf die Abhängigkeit der Meßgrößen von der chemischen Zusammensetzung (vgl. dazu 4.7)

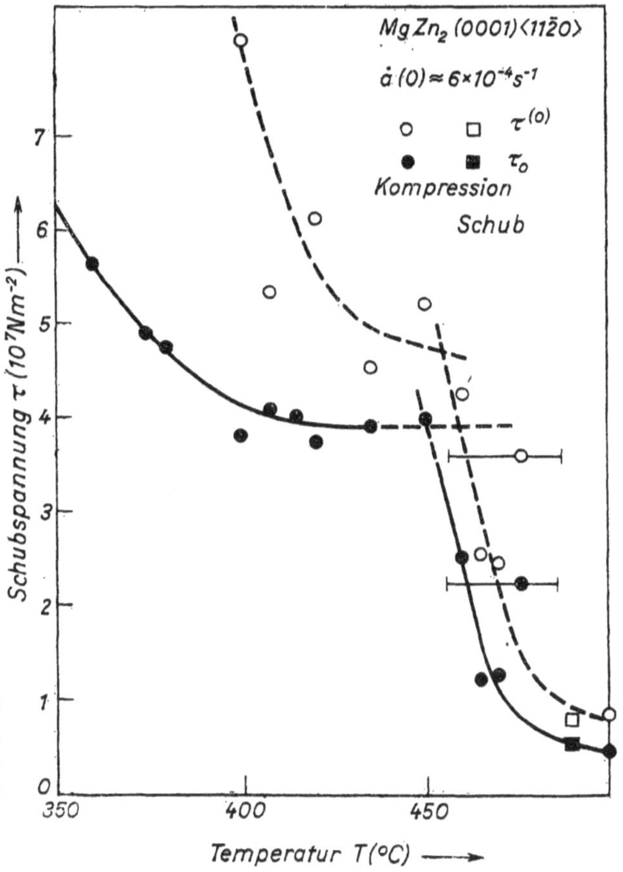

Abb. 9. Temperaturabhängigkeit der kritischen Schubspannung τ_0 und der oberen Streckgrenze $\tau^{(0)}$ von $MgZn_2$

Die Kriechkurven weisen die normale Dreiteilung auf [31]. In den meisten Fällen wurden Wechselversuche vorgenommen, bei denen der Bereich des Übergangskriechens sehr kurz ausfällt und daher nicht ausgewertet werden konnte. Wegen der Bruchgefahr unterblieb auch die Untersuchung des beschleunigten Kriechens.

Tabelle 7

Ergebnisse der Aktivierungsanalyse an $MgZn_2$-Einkristallen

	Basisgleitung	Prismengleitung
Aktivierungsenthalpie Δh/eV	1,8 ± 0,4	1,5
Aktivierungsfläche A/b^2	10	10
Sogparameter $D/10^7$ Nm^{-2}	1,2	0,44

4. Mikroskopische Untersuchung des Verformungsverhaltens

4.1 Gleitvorgänge

Der Elementarprozeß der plastischen Verformung bisher untersuchter kristalliner Festkörper ist das Gleiten (vgl. z. B. [39]), d. h. die Verschiebung benachbarter Kristallteile parallel zu Ebenen und Richtungen sowie um Beträge, die kristallphysikalisch ausgezeichnet sind [40]. Je höher die Zahl der Atome/Elementarzelle ist, desto größer wird jedoch die Gefahr, daß eine derartige Auszeichnung verlorengeht, besonders, wenn stark gerichtete Bindungen fehlen.

Die vorliegenden experimentellen Befunde an intermetallischen Verbindungen (vgl. [41]) zeigen sowohl an ein- als auch an polykristallinen Proben bis nahe an die Schmelztemperatur Gleitvorgänge auf kristallographisch definierten Gleitebenen. Dies trifft nicht nur für die relativ einfach aufgebauten Verbindungen vom CsCl- und CaF_2-Typ zu, sondern auch für solche Strukturtypen, wie z. B. die LAVES-Phasen (vgl. Tab. 8) und den $CuAl_2$-Typ [42], bei denen der sterische Einfluß der Atomverteilung in der Elementarzelle zunächst viskose Verformung (wie sie in teil- und nichtkristallinen Substanzen dominiert) erwarten ließ.

Tabelle 8

In LAVES-Phasen beobachtete Gleitsysteme

Substanz	Gleitebene	Gleitrichtung	Temperatur	Quelle
Cu_2Mg	111	$1\bar{1}0$	> 450 °C	[46]
	111		380–660 °C	[41]
	110		380–660 °C	[41]
	001		380–660 °C	[41]
$MgZn_2$	0001	$11\bar{2}0$	250–550 °C	[41]
	$10\bar{1}0$	$\bar{1}2\bar{1}0$	500 °C	[41]
	$\bar{2}112$	$01\bar{1}0$	500–550 °C	[41]
	$10\bar{1}1$		,550	[41]

Überraschenderweise lassen sich nach KRÄMER [43, 44] auch in diesen Fällen bereits einfache gittergeometrische Argumente zur Deutung der Beobachtungen anführen. In Strukturtypen mit breiter Variation des Bindungstyps (wie z. B. der CaF_2-Typ [17, 41, 45]) ist ein merklicher Einfluß der Ionenladung überlagert.

4.2 Zwillingsbildung

Auch Gestaltsänderungen durch gekoppelte Gleitvorgänge werden an intermetallischen Verbindungen beobachtet. Bekanntlich unterliegt die Auswahl der zugehörigen Zwillingssysteme bei derartigen Prozessen einem starken Einfluß der Struktur. Die Ergebnisse von Tab. 9 zeigen,

Tabelle 9

Deformations-Zwillingssysteme in LAVES-Phasen

Substanz	Zwillingselemente	Quelle
Cu_2Mg	$\{111\}\ [11\bar{2}]$	[46]
$MgZn_2$	$\{11\bar{2}1\}\ [\bar{1}\bar{1}26]\ (0001)\ [11\bar{2}0]$	[58]
	$\{10\bar{1}1\}\ [\bar{1}012]\ (0001)\ [10\bar{1}0]$	

daß solche Systeme bevorzugt betätigt werden, deren zweite Kreisschnittebene eine Gleitebene ist, obwohl die Werte von Schiebung und inhomogener Verschiebung dabei hoch liegen [58].

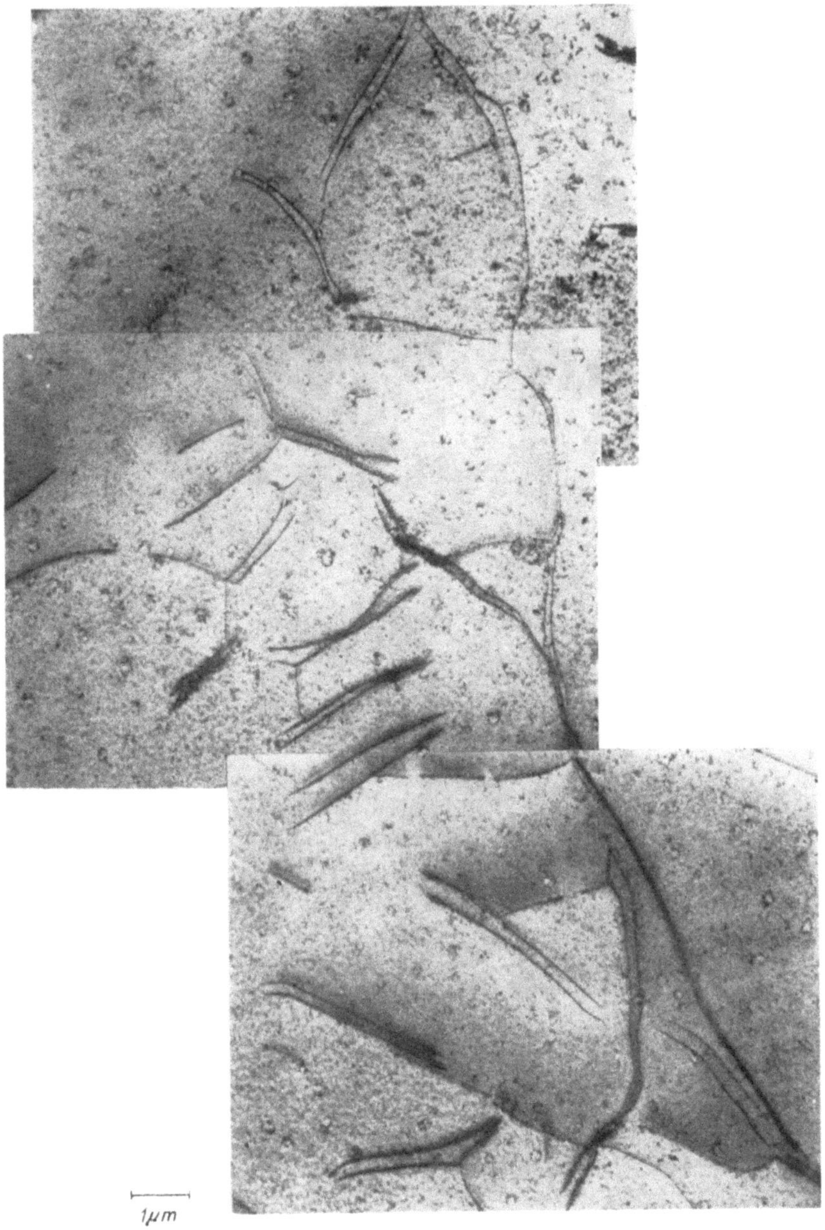

Abb. 10. Elektronenmikroskopisches Bild der Versetzungsordnung in $MgZn_2$ (nach [61])

4.3 Versetzungen als Träger des Gleitvorganges

Auch in intermetallischen Verbindungen ist die Versetzungsbewegung der Elementarprozeß plastischer Verformung. Der Nachweis von Einzelversetzungen ist direkt durch Ätzen [59, 11], Tiefenätzen [60], Transmissionselektronenmikroskopie [61] und Röntgentopographie [62] gelungen. Abb. 10 zeigt das Beispiel eines verformten Kristalls.

Das Netzwerk der eingewachsenen Versetzungen besteht aus Maschen mit $\approx 2\ \mu$m Breite und

$\approx 5\ \mu$m Länge (parallel [0001] [60]). Als BURGERS-Vektor hat man vornehmlich $\vec{a} = \frac{1}{3}\langle 11\bar{2}0\rangle$ zu erwarten, wenn man die Ergebnisse der Messungen an Kleinwinkelkorngrenzen [64, 65], der gittergeometrischen Betrachtungen [43, 44], der Knotenanalyse [60] und der Bewegung von Einzelversetzungen [37, 38] zusammenfaßt.

4.4 Geometrie des gestörten Gitters

Senkrecht zum betrachteten BURGERS-Vektor besteht die Elementarzelle aus 2 Zn- und 2 Mg-Zn-Atomschichten, die in der aus Abb. 2 ersichtlichen Weise aufgebaut sind. Dadurch entsteht eine für intermetallische Verbindungen i. a. kennzeichnende Situation: Der BURGERS-Vektor repräsentiert die Verschiebung von mehr als zwei Netzebenen (wie sie z. B. im kflztr. Gitter vorliegen), d. h., der Versetzungskern ist ein Ort geometrisch stärkerer Störung als bei Elementen.

Hinzu kommt meist (besonders ausgeprägt bei den LAVES-Phasen) eine stärkere Verzahnung der Netzebenen untereinander. KRÄMER [43, 44] hat als einfache geometrische Kenngrößen für die beim Gleitvorgang in LAVES-Phasen zu erwartenden Störungen die Anhebung der Atomschichten im Starre-Kugel-Modell und die Änderung der Koordinationszahl verwendet. Eine genauere quantitative Beschreibung der Störung erfordert jedoch erheblichen Aufwand.

Durch die strukturellen Eigenarten intermetallischer Verbindungen sind darüber hinaus Sprünge in Versetzungen weniger „glatt“ als bei Elementen in dem Sinne, daß in höherem Maße geometrisch exponierte Atome mit zweifelhafter Stabilität längs der Versetzungslinie auftreten. Bewegte Sprünge lassen daher eine höhere Punktdefektumsatzrate erwarten. Die Verhältnisse in LAVES-Phasen wurden von KRÄMER [43] und KRÄMER und SCHULZE [44] im einzelnen untersucht.

4.5 Energie der Versetzungen

Wegen der unzureichenden Kenntnis der Bindungskräfte in metallischen Festkörpern muß zur Berechnung der Kristallenergieänderung durch Versetzungen von der Kontinuumsnäherung ausgegangen werden (vgl. z. B. [66]). Das Spannungsfeld einer geraden Versetzung im anisotropen elastischen Medium ist i. a. nur numerisch angebbar. TEUTONICO [67] hat jedoch gezeigt, daß bei hexagonaler Symmetrie eine vollständige analytische Lösung für alle Versetzungsorientierungen existiert, und diese Lösungen auch angegeben [68].

Der daraus ermittelte Verlauf der Schubspannung für eine gerade Stufenversetzung in der Basisebene ist für das Beispiel $MgZn_2$ in Abb. 11 dargestellt. Das Spannungsfeld hat eine elastische Energieänderung $\Delta E = (Kb^2/4\pi)\ln(r_1/r_0)$ zur Folge, wo r_0 der Radius des Versetzungskernes, d. h. der unmittelbaren Umgebung der Versetzungslinie darstellt (etwa $1 \dots 10b$), innerhalb deren die bei der Ableitung genutzte Näherung versagt, und r_1 ein Maß für die Reichweite des Spannungsfeldes repräsentiert.

K stellt einen anisotropen Schubmodul dar, der von den elastischen Moduln des Einkristalls, der Orientierung der Versetzung im Gitter und dem Winkel zwischen BURGERS-Vektor und Versetzungslinie abhängt [69–71]. Zahlenwerte, die mit Hilfe der experimentell ermittelten elastischen Moduln von $MgZn_2$ [20] erhalten wurden, sind in Tab. 10 für spezielle Orientierungen

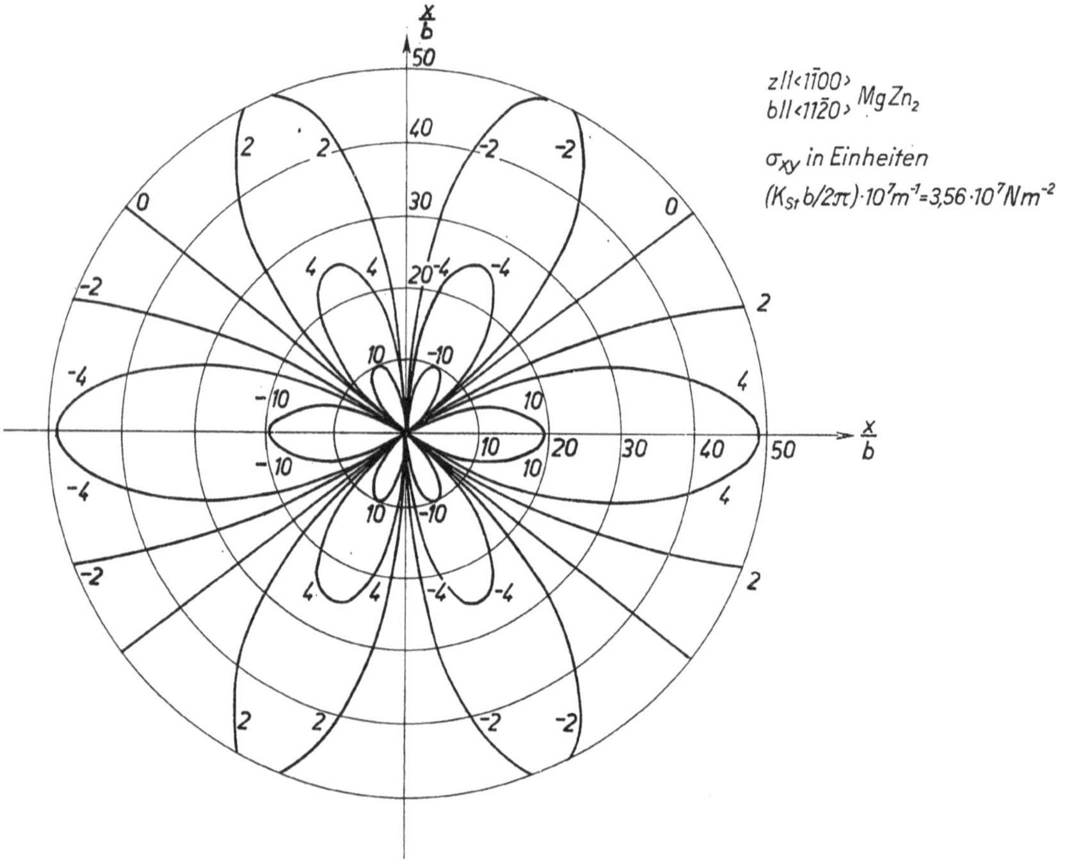

Abb. 11. Spannungsfeld σ_{xy} für Stufenversetzung in $MgZn_2$. Versetzungslinie $\parallel z$, BURGERS-Vektor $\parallel x$. Negative Spannungen bedeuten Anziehung, positive Abstoßung

der Versetzung angegeben. Da die elastischen Moduln der LAVES-Phasen die gleiche Größenordnung wie die der Elemente besitzen (vgl. 2.2), ist der Kontinuums-Anteil der Ruheenergie der Versetzungen nicht anomal.

Tabelle 10

Energien gerader Versetzungen in $MgZn_2$

Gleitebene	Versetzungslinie parallel	BURGERS-Vektor parallel	K / $10^{10} Nm^{-2}$	ΔE[1]) / eV/b
(0001)	$\langle 1\bar{1}00\rangle$	$\langle 11\bar{2}0\rangle$	4,28	20,8
	$\langle 11\bar{2}0\rangle$	$\langle 11\bar{2}0\rangle$	2,71	13,2
	$\langle 2\bar{1}\bar{1}0\rangle$	$\langle 11\bar{2}0\rangle$	3,89	19,0
$(1\bar{1}00)$	$\langle 0001\rangle$	$\langle 11\bar{2}0\rangle$	4,08	19,9

[1]) Hierbei wurde $r_1/r_0 = 10^3$ gewählt.

Relativ hoch im Vergleich zu den Elementen ist der Energiebeitrag des Versetzungskernes zu erwarten. Die Umgebung einer Versetzungslinie, näherungsweise durch einen Zylinder r_0 dargestellt, expandiert im Starre-Kugel-Modell auf r_1, und, läßt man elastische Relaxation zu, auf $r' = [r_0(1 - 2\nu) + r_1]/2(1 - \nu)$. Der maximale Volumenzuwachs pro Atomvolumen

V_a beim Gleitvorgang beträgt im Starre-Kugel-Modell $\Delta V_{St}/V_a = (3w/4r) - (w^3/16r^3)$, wo w die von KRÄMER [43] angegebene maximale Anhebung senkrecht zur Gleitebene und r der Atomradius sind ($0 < w \leqq 2r$). Wegen $\Delta E_k \sim \varkappa \delta V_{el}^2/\Delta V_{St} \sim w^2$ wächst die durch die Expansion im Versetzungskern gespeicherte elastische Energie ΔE_k stark mit w. ($\varkappa^{-1}$ Kompressibilität; δV_{el} elastische Volumenänderung; $w_{MgZn_2} = 1{,}0 r_{Zn}$ [43], $w_{Zn} \simeq 0{,}28 r_{Zn}$ [43]. Qualitativ muß auch für die *Änderung* von ΔE_K beim Verschieben der Versetzung längs stark verzahnter Netzebenen ein hoher Wert erwartet werden, der jedoch wegen seiner Abhängigkeit von der Versetzungsweite in diesem Rahmen nicht abgeschätzt werden kann.

Die elastische Energie gekrümmter Versetzungen in Kontinuumsnäherung kann nach dem Vorgang von HIRTH und LOTHE [66] dadurch abgeschätzt werden, daß der Linienverlauf durch einen Polygonzug ersetzt wird. Für den praktisch interessanten Fall einer Halbschleife (vgl. Abb. 12) in $MgZn_2$ erhält man $4\Delta E/3\sqrt{3}L^2b = \tau_L = 2{,}4 \cdot 10^7\ Nm^{-2} \ldots 0{,}2 \cdot 10^7\ Nm^{-2}$ ($L = 10^{-6} \ldots 2 \cdot 10^{-5}$ m).

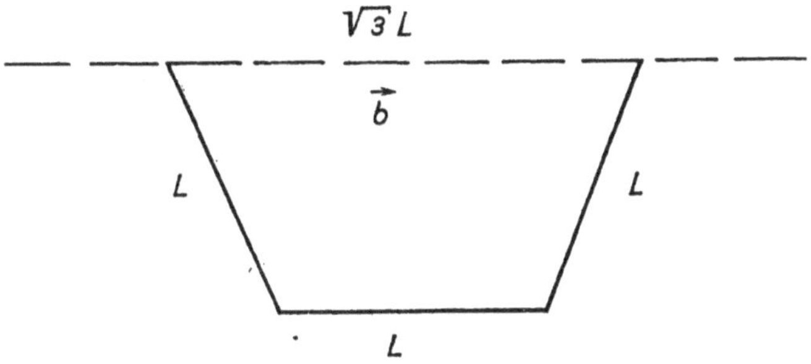

Abb. 12. Zur Berechnung der Linienenergie

4.6 Beweglichkeit einzelner Versetzungen

Beim Anlegen einer Schubspannung bewegen sich die einzelnen Versetzungen im Gleitsystem. Die bisherigen Messungen an verschiedenen Substanzen mit unterschiedlichen Methoden ließen erkennen, daß die Beschleunigungsphasen des Bewegungsvorganges gegenüber einer Phase konstanter Geschwindigkeit $\dot{x}$ (Laufwege $\Delta x \approx 10^{-6}$ m, Meßdauern $\Delta t = 10^{-6} \ldots 10^0$ s) vernachlässigbar sind, so daß die mittlere lineare Geschwindigkeit $\bar{x} \equiv \Delta x/\Delta t$ einer physikalischen Interpretation zugänglich sein sollte.

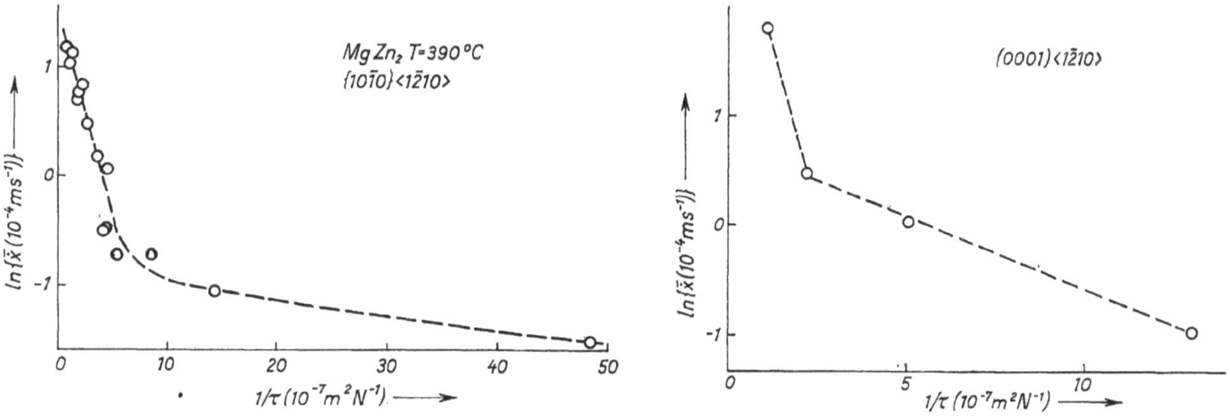

Abb. 13. Abhängigkeit der mittleren Versetzungsgeschwindigkeit $\bar{x}$ in $MgZn_2$ von der reziproken Schubspannung für Prismen — (a) und Basisgleitung (b) bei $T = 390\,°C$ und $c = 66{,}6$ At.% Zn

Von intermetallischen Verbindungen sind bisher nur Übersichtsmessungen am halbleitenden InSb bekannt geworden [63]. Ergebnisse von Untersuchungen an $MgZn_2$, den ersten an metallischen Verbindungen, sind im folgenden zusammengestellt. Abb. 13 zeigt die Spannungsabhängigkeit von $\bar{x}$ im Prismen- $(10\bar{1}0)[1\bar{2}10]$ und Basisgleitsystem $(0001)[11\bar{2}0]$ für konstante Temperatur und chemische Zusammensetzung. Letzterer Parameter beeinflußt $\bar{x}$ nur wenig (vgl. Abb. 14), die Temperatur dagegen stark. Nach Messungen von KUBSCH [72] besitzt die Temperaturabhängigkeit die Form $\bar{x} \sim \exp(-1{,}7\ \mathrm{eV}/kT)$ für $\tau = 0{,}7 \cdot 10^7\ \mathrm{Nm}^{-2}$, $T = 340 \ldots 457\,°\mathrm{C}$ und $c = 66{,}75$ At.% Zn.

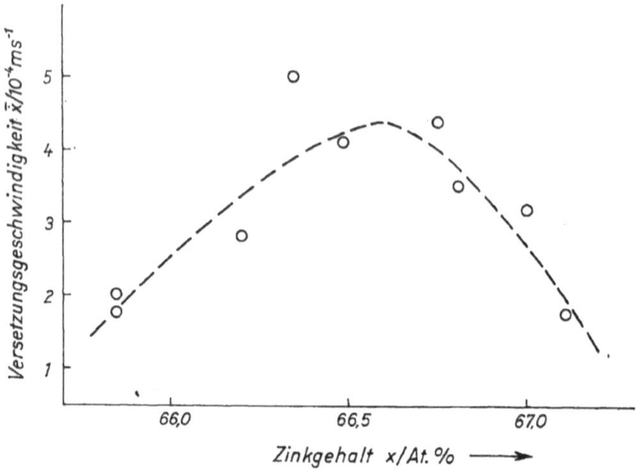

Abb. 14. Abhängigkeit der mittleren Versetzungsgeschwindigkeit $\bar{x}$ in $MgZn_2$ von der chemischen Zusammensetzung im Homogenitätsbereich für Basisgleitung, $T = 390\,°\mathrm{C}$ und Schubspannung $\tau = 0{,}7 \cdot 10^7\ \mathrm{Nm}^{-2}$

Eine genauere Diskussion der Resultate (vgl. [37, 38]) zeigt, daß ein derartiges Verhalten der Versetzungen mit starker Wechselwirkung mit dem Idealgitter über einen Doppelkinkenmechanismus vereinbar ist, d. h. die Behinderung des Verformungsablaufs in erster Linie eine dem Idealkristall innewohnende Eigenschaft ist.

4.7 Punktdefekteinfluß auf die Verformbarkeit

Im Gegensatz dazu dominiert in zahlreichen Elementen und Mischkristallen die Bremswirkung der übrigen Abweichungen vom Idealkristall, wie z. B. von Versetzungen und Punktdefekten. Ihre Konzentration und Verteilung ist i. a. von außen beeinflußbar. Von erheblicher praktischer Bedeutung ist daher die Frage, inwieweit die Sprödigkeit der intermetallischen Verbindungen punktdefekt-induziert ist.

Folgende experimentelle Befunde an $MgZn_2$ sprechen dagegen. 1. Die Mikrohärte nimmt nach dem Rande des Homogenitätsbereiches ab [12]. Diesen anomalen Entfestigungseffekt hat man außer an anderen LAVES-Phasen [12] nur noch an einigen kubisch-raumzentrierten Legierungen gefunden. 2. Die stationäre Kriechgeschwindigkeit von Einkristallen wächst mit Annäherung an die Phasengrenzen [12], in qualitativer Übereinstimmung mit dem Verhalten der Härte. 3. Messung und Analyse des Diffusionsvorganges in $MgZn_2$ [73, 74] zeigte, daß die Aktivierungsenthalpie für die Versetzungsbewegung größer als die für Diffusion ist und damit kein direkter Zusammenhang besteht.

Da andererseits das Verhalten des Restwiderstandes im Homogenitätsbereich [75] eine Zunahme der Defektkonzentration nach dem Rande zu anzeigt, ist nicht zu erwarten, daß durch ihre Verminderung eine wesentliche Erhöhung der Duktilität eintritt.

Die Konzentration konstitutioneller Fehlstellen übersteigt die chemischer Verunreinigungen i. a. größenordnungsmäßig, die Wirksamkeit der letzteren ist daher im Vergleich zu den Elementen stark reduziert.

4.8 Vergleich mit makroskopischen Messungen

Anhand der OROWANschen Beziehung (vgl. 3.1) können mikro- und makroskopische Meßergebnisse miteinander verglichen werden. Sie gilt unter der Voraussetzung konstanter beweglicher Versetzungsdichte, die während des stationären Kriechens erfüllt ist. Für $MgZn_2$ liegen vergleichbare Werte für eine Temperatur $T = 390\,°C$ und eine Schubspannung $\tau = 10^7\ Nm^{-2}$ vor, sowohl Prismen- als auch Basisgleitung liefern Übereinstimmung im Rahmen der Meßunsicherheit [37, 38]. Das bedeutet nicht nur, daß Gleitung von Versetzungen der dominierende Verformungsmechanismus ist, sondern darüber hinaus das Überwiegen der unterstellten Einfachgleitung.

Damit wird die mikroskopische Synthese makroskopischer Verformungseigenschaften auch in metallischen intermetallischen Verbindungen möglich.

5. Übergang spröde—duktil

Sprödbruch tritt auf, wenn die äußere Schubspannung τ Mikrorisse zur Ausbreitung veranlassen kann (Startspannung τ_{Gr}). Im dynamischen Versuch wird dem Kristall die Abgleitungsgeschwindigkeit $\dot{a}$ aufgezwungen, die entweder eine Versetzungserzeugungsrate $\dot{\varrho}_m(\tau) = \dot{a}/bL$ oder eine Versetzungsgeschwindigkeit $\bar{x}(\tau) = \dot{a}/\varrho_m b$ erfordert. Falls bei der betrachteten Temperatur die notwendigen Schubspannungen $\tau > \tau_{Gr}$, bricht die Probe. Wegen der i. a. empfindlichen Temperaturabhängigkeit von $\dot{\varrho}$ bzw. $\bar{x}$ läßt sich eine Temperatur T_0 finden, oberhalb der $\tau < \tau_{Gr}$ und damit sprödes durch duktiles Verhalten abgelöst wird.

Tabelle 11

Übergangstemperaturen einiger intermetallischer Verbindungen

Verbindung	Strukturtyp	T_0/T_S	Verbindung	Strukturtyp	T_0/T_S
ζ-Ag_2Al	A3	<0,077	Cd_8Cu_5	$D8_2$	0,76
AgMg	B2	<0,02	$CdMg_3$	DO_{19}	0,1
β'-AgZn	B2	~0	CoTi	B2	<0,1
γ-Ag_5Zn_8	$D8_2$	0,5	Cr_2Ti	C15/C14	<0,79
Al_2Au	C1	0,47	ζ-Cu—Ge	A3	0,0036
Al_7Cr		0,74	Cu_2Mg	C15	0,7
Al_2Cu	C16	0,62	Cu_2Sb	C38	0,83
Al_9Cu_{17}		0,6	Fe_3Si	DO_3	0,06
AlFe	B2	0,06	FeTi	B2	0,17
$Al_{12}Mg_{17}$	A12	0,64	Fe_2Nb	C14	0,64
$AlNi_3$	$L1_2$	<0,18	Fe_2Ta	C14	0,57
AlNi	B2	0,05	Fe_2Zr	C15	0,57
$AuCu_3$	$L1_2$	0,06	Mg_2Si	C1	0,45
Bi_2Tl	B8	<0,6	$MgZn_2$	C14	0,6
$CaCu_5$	$D2_d$	0,72	NiTi	B2	<0,05
$CaMg_2$	C14	0,6	Ni_3Sn_2	B8	0,66

Betrachtet man die bisher vorliegenden Werte der Übergangstemperatur T_0 für die Gesamtheit intermetallischer Verbindungen (vgl. Tab. 11), dann lassen sich zwei Gruppen bilden: (I) mit hoher homologer Übergangstemperatur $T_0/T_S = 0{,}5\ldots0{,}8$ und (II) mit niedrigem $T_0/T_S \leqq 0{,}2$ (T_S Schmelztemperatur).

Hinsichtlich der Zugehörigkeit verschiedener Substanzen zu den Gruppen lassen sich folgende allgemeine Aussagen treffen. Verbindungen des gleichen Strukturtypes (nach Strukturbericht) gehören zur gleichen Gruppe. Die „duktilen" Verbindungen der Gruppe (II) gehören ordnungsfähigen Strukturtypen an, was auf eine mögliche Erniedrigung der Versetzungsenergie durch Bildung von Überstrukturversetzungen hinweist. Die für die Zugehörigkeit zu Gruppe (I) notwendige Bewegungsbehinderung der Versetzungen kann offenbar der Kristallstruktur zugeschrieben werden, die durch elektronischen und/oder (besonders im Falle metallischer Bindung) sterischen Einfluß auf die Schwankung der Versetzungsenergie beim Gleiten für eine wirksame Bremsung sorgt.

Abweichungen von der stöchiometrischen Zusammensetzung führen bei Laves-Phasen zu einer Erniedrigung der makroskopischen Fließspannung und damit zur Verringerung der Sprödbruchneigung. Quantitativ ist dies jedoch unbedeutend. Über Wirkungen dritter Komponenten, analog zu den Untersuchungen von Schaschkow und Nowikow [76], ist bisher nichts bekannt geworden. Die plastische Deformation „spröder" intermetallischer Verbindungen wird daher hauptsächlich dadurch realisiert werden, daß entweder die Schubspannungen klein gehalten (z. B. Temperaturerhöhung; Verminderung der Verformungsgeschwindigkeit) oder die Rißausbreitung unterdrückt werden (z. B. unter hohen hydrostatischen Drücken).

6. Zusammenfassung

Die Sprödigkeit der intermetallischen Verbindungen behindert die technische Anwendung ihrer zahlreichen wertvollen Eigenschaften. Als besonders spröde erweisen sich Verbindungen mit Strukturtyp der Laves-Phasen, deren plastische Verformbarkeit vorwiegend am Beispiel der Phase $MgZn_2$ vom physikalischen Standpunkt aus untersucht wird. Dabei werden nach der Zusammenstellung einiger physikalischer Eigenschaften Resultate 1. makroskopischer (dynamisch und statisch) und 2. mikroskopischer Deformation (Gleitsysteme, Versetzungsbeweglichkeiten, Punktdefekteinfluß) besprochen. Der Vergleich beider läßt erstmals die Möglichkeit einer Synthese makroskopischer Verformungseigenschaften in metallischen intermetallischen Verbindungen erkennen.

Abschließend wird die Übergangstemperatur aus dem spröden in den duktilen Zustand für verschiedene Strukturtypen miteinander verglichen und festgestellt, daß im Falle der Laves-Phasen sterische Einflüsse die Sprödigkeit verursachen.

LITERATUR

[1] Laves, F. in: Intermetallic Compounds, ed. by J. H. Westbrook, John Wiley & Sons, Inc., 1967, pp. 129.
[2] Westbrook, J. H., ed., Intermetallic Compounds, John Wiley & Sons Inc., 1967.
[3] Riethe, P., Deutsche Zahnärztl. Zeitschr. **21** (1966) 301.
[4] Westbrook, J. H., Intermetallic compounds in structural applications: Retrospect and prospect, General Electric Rep. No. 70 — C — 036, class 1, 1970.
[5] Pearson, W. B., A Handbook of Lattice Spacings and Structures of Metals and Alloys, Vol. 2, Pergamon Press, 1967.
[6] Schulze, G. E. R., Metallphysik, Akademie-Verlag, Berlin, 1967.
[7] Ewald, P. P., Hermann, C., Strukturbericht 1913—28, Ergzgsbd. 1931, S. 180.
[8] Tarschisch, L., Titow, A. T., Garjanow, F. K., Phys. Z. Sowjetunion **5** (1934) 503—10.
[9] Laves, F., Witte, H., Metallwirtschaft XIV (1935) 645.
[10] Schulze, G. E. R., Geometrische Prinzipien beim Gitteraufbau intermetallischer Verbindungen, Abhandlg. Sächs. Akad. Wiss., Math.-Naturwiss. Kl., 48, Heft 4, Akademie-Verlag, Berlin 1963.
[11] Paufler, P., Schulze, G. E. R., Mber. Dt. Akad. Wiss. **12** (1970) 67.
[12] Eichler, K., Siegel, S., Kubsch, H., Paufler, P., Wiss. Z. TU **20** (1971) 399.
[13] Hansen, M., Anderko, K., Constitution of Binary Alloys, McGraw-Hill Book Co., 1958.
[14] Park, J. J., Wyman, L. L., Phase relationships in Magnesium alloys, AF WADC TR 57—504 (1957).
[15] Gartner, G. J., Chiotti, P., U. S. Atomic Energy Commission Rep. 1965, (15. 1070) 74 pp.
[16] Chiotti, P., Stevens, E. R., Trans. Met. Soc. AIME **233** (1965) 198.
[17] Kirsten, Ch., Dissertation TU Dresden, 1963.
[18] Shannette, G. W., Smith, J. F., Scripta Met. **3** (1969) 33.
[19] Sumer, A., Smith, J. F., J. Appl. Phys. **33** (1962) 2283.
[20] Shannette, G. W., und Smith, J. F., J. Appl. Phys. **40** (1969) 79.
[21] Cheng, C. H., J. Phys. Chem. Solids **28** (1967) 413.
[22] Hultgren, R., Orr, R. L., Anderson, P. D., Kelly, K. K., Selected Values of Thermodynamical Properties of Metals and Alloys, J. Wiley 1963.
[23] Grube, G., Burkhardt, A., Z. f. Elektrochemie **35** (1929) 315.
[24] Rennert, P., Lehmann, G., Paasch, G., Taut, M., phys. stat. sol. **35** (1969) 667.
[25] Lehmann, G., Rennert, P., Taut, M., Wonn, H., phys. stat. sol. **37** (1970) K 27.
[26] Veal, R. W., Rayne, J. A., Phys. Letters (Netherlands) **6** (1963) 12.
[27] Peuker, R., Diplomarbeit, TU Dresden 1965.
[28] Lancker, M. v., Metallurgy of Aluminium Alloys, 1967, S. 96.
[29] Puff, M., Diplomarbeit, TH Dresden 1960.
[30] Paufler, P., Diplomarbeit, TU Dresden 1963.
[31] Paufler, P., Schulze, G. E. R., phys. stat. sol. **24** (1967) 77.
[32] Haasen, P., Diss. of the Faraday Society, No **38**, 1964, 191.
[33] Paufler, P., Mber. Dt. Akad. Wiss. **9** (1967) 616.
[34] Orowan, E., Proc. Phys. Soc. **52** (1940) 8.
[35] Conrad, H., in: Mechanical Behavior of Materials at Elevated Temperatures, herausg. von J. E. Dorn, McGraw-Hill 1961.
[36] Hinz, D., Paufler, P., Schulze, G. E. R., phys. stat. sol. **36** (1969) 609.
[37] Paufler, P., Marschner, J., Schulze, G. E. R., phys. stat. sol. **40** (1970) 573.
[38] Paufler, P., Marschner, J., Schulze, G. E. R., phys. stat. sol. (b) **43** (1971) 279.
[39] Paufler, P., Wiss. Zeitschr. der TU Dresden **17** (1968) 793.
[40] Paufler, P., Schulze, G. E. R., Mber. Dt. Akad. Wiss. **11** (1969) 426.
[41] Paufler, P., Schulze, G. E. R., Kristall u. Technik **2** (1967) K 11.

[42] KIRSTEN, CH., PAUFLER, P. u. SCHULZE, G. E. R., Mtber. Dt. Akad. Wiss. **6** (1964) 140.
[43] KRÄMER, U., Dissertation, TU Dresden, 1966.
[44] KRÄMER, U., SCHULZE, G. E. R., Kristall u. Technik **3** (1968) 417.
[45] PAUFLER, P., Dissertation, TU Dresden, 1967.
[46] MORAN, J. B., Trans. Met. Soc. AIME **233** (1965) 1473.
[47] SMITH, J. F., Nuclear Metallurgy Series, Vol. X (1964) 397.
[48] SCHÜBEL, P., Z. anorg. Chemie **87** (1914) 81.
[49] JOSEPH, R. R. und GSCHNEIDNER, K. A., Scipta Met. **2** (1968) 631.
[50] EREMENKO, V. N. und LUKASCHENKO, G. M., Ukrain. Chim. Shurnal **28** (1962) 570.
[51] PELZEL, E., Berg- u. Hüttenmännische Monatshefte **94** (1949) Heft 1, S. 10.
[52] TERPILOWSKI, J., Bulletin de l'Academie Polonaise des Sciences, Ser. des sciences chimiques, Volume X, No. 5, (1962) 221.
[53] GIBSON, E. D., J. Appl. Physics **38** (1967) 3026.
[54] SLICK, P. I., MASSENA, C. W. und CRAIG, R. S., J. Chem. Phys. **43** (1965) 2788.
[55] LEITNER, G., Dissertation, TU Dresden, 1971.
[56] ESCHRIG, H., Wiss. Z. TU Dresden, **20** (1971) 403.
[57] IVANENKO, A. A., Härte, AN Ukr. SSR, Kiev 1968.
[58] PAUFLER, P. und SCHULZE, G. E. R., Kristall und Technik **2** (1967) 231.
[59] PAUFLER, P. und SCHULZE, G. E. R., Kristall und Technik **3** (1968) 113.
[60] TSCHAPEK, A., PAUFLER, P. und SCHULZE, G. E. R., Kristallographya (russ.) **15** (1970) 1256.
[61] KRÄMER, U. und EICHLER, K., Wiss. Z. TU Dresden **20** (1971) 395.
[62] HINZ, D., PAUFLER, P. und SCHULZE, G. E. R., phys. stat. sol. **36** (1969) 609.
[63] MIHARA, M. und NINOMIYA, T., J. Phys. Soc. Japan **25** (1968) 1198.
[64] GREVE, H. J., Diplomarbeit TU Dresden 1965.
[65] BLAU, W., Diplomarbeit TU Dresden 1965.
[66] HIRTH, J. P. und LOTHE, J., Theory of Dislocations, McGraw-Hill Book Co. 1968.
[67] TEUTONICO, L. J., Phil. Mag. **18** (1968) 881.
[68] TEUTONICO, L. J., Dislocations in hexagonal crystals (Preprint 1970).
[69] REID, C. N., Acta Met. **14** (1966) 13.
[70] FOREMAN, A. J. E., Acta Met. **3** (1955) 322.
[71] CHOU, Y. T., J. Appl. Phys. **34** (1963) 429.
[72] KUBSCH, H., persönliche Mitteilung.
[73] GÜNZEL, R., PAUFLER, P. und SCHULZE, G. E. R., Vortrag auf der 7. Metalltagung „Diffusion" am 2. 4. 70 in Dresden, in: „Diffusion in metallischen Werkstoffen", VEB Verlag für die Grundstoffindustrie, Lzg. 1970, S. 183.
[74] PAUFLER, P. und SCHULZE, G. E. R., Zeitschr. f. Kristallographie **133** (1971) 7.
[75] PAUFLER, P., EICHLER, K. und SCHULZE, G. E. R., Mtber. Dt. Akad. Wiss. **12** (1970) 950.
[76] SCHASCHKOW, D. P. und NOWIKOW, I. I., Fizika metallow i metallowedenije **25** (1968) 152.

FSC
www.fsc.org
MIX
Papier | Fördert gute Waldnutzung
FSC® C083411

Kolibri 360 GmbH
Ferdinand-Jühlke-Straße 7
99095 Erfurt, Deutschland
produktsicherheit@kolibri360.de